BEI GRIN MACHT SICH IHR WISSEN BEZAHLT

Myriam Dörr

Geometrie mit Würfeln und Baupläne. Mathematik: Klasse 3

Ein Auftrag für ein Architekturbüro. Erfinden von Würfelgebäuden und Erstellung dazugehöriger Baupläne

GRIN Verlag

Bibliografische Information der Deutschen Nationalbibliothek:

Die Deutsche Bibliothek verzeichnet diese Publikation in der Deutschen National-
bibliografie; detaillierte bibliografische Daten sind im Internet über http://dnb.d-
nb.de/ abrufbar.

Impressum:

Copyright © 2007 GRIN Verlag GmbH
Druck und Bindung: Books on Demand GmbH, Norderstedt Germany
ISBN: 978-3-656-56410-2

Dieses Buch bei GRIN:

http://www.grin.com/de/e-book/74111/geometrie-mit-wuerfeln-und-bauplaene-
mathematik-klasse-3

GRIN - Your knowledge has value

Der GRIN Verlag publiziert seit 1998 wissenschaftliche Arbeiten von Studenten, Hochschullehrern und anderen Akademikern als eBook und gedrucktes Buch. Die Verlagswebsite www.grin.com ist die ideale Plattform zur Veröffentlichung von Hausarbeiten, Abschlussarbeiten, wissenschaftlichen Aufsätzen, Dissertationen und Fachbüchern.

Besuchen Sie uns im Internet:

http://www.grin.com/

http://www.facebook.com/grincom

http://www.twitter.com/grin_com

Fach: Mathematik

Klasse: 3

Datum: 2007

Zeit: 8.45-9.30 Uhr

Thema der Unterrichtseinheit: Geometrie mit Würfeln

Thema der Unterrichtsstunde: Ein Auftrag für ein Architekturbüro.

Erfinden von Würfelgebäuden und Erstellung

dazugehöriger Baupläne

Inhaltsverzeichnis

1 Entwurf der Unterrichtseinheit... 3

   1.1   Anmerkungen zur Situation der Klasse 3

   1.2   Lernvoraussetzungen der Schüler in Bezug auf das Stundenthema 3

   1.3   Sachanalyse 4

   1.4   Beschreibung der didaktischen Absicht... 5

   1.5   Vorgesehene zeitliche Abfolge der Unterrichtseinheit............................. 6

2 Entwurf der Prüfungslehrprobe 7

   2.1   Lernziele 7

   2.2   Didaktisch-methodische Vorüberlegungen zur Prüfungslehrprobe 7

   2.3   Verlaufsplanung 10

3 Literaturverzeichnis 11

4 Anhang 12

1 Entwurf der Unterrichtseinheit

1.1 Anmerkungen zur Situation der Klasse

Im Rahmen des eigenverantwortlichen Unterrichts erteile ich der Klasse 3 der X-schule in X das Fach Mathematik. Die Klasse besuchen zurzeit neunzehn Schüler[1], acht Mädchen und elf Jungen. 2 Kinder sind ausländischer Herkunft: *x* ist Türkin; sie beherrscht die deutsche Sprache gut. *y* stammt aus Russland und besucht die Klasse 3 seit den Sommerferien. Seine Sprachkenntnisse haben sich seitdem verbessert, sie reichen jedoch noch nicht aus, um dem Unterrichtsgeschehen immer folgen zu können. Er hat große Probleme, Arbeitsaufträge zu erfassen und auszuführen. Ebenso fällt es *y* noch schwer, sich in der deutschen Sprache zu artikulieren.

Vor dem Hintergrund, dass „Beziehungen zwischen sprachlichen und räumlichen Fähigkeiten bestehen" (Maier, S.140) ist anzumerken, dass *a, b* und *c* eine Lese-Rechtschreib-Schwäche haben. Damit einhergehend können sie Schwierigkeiten mit der Rechts-Links-Unterscheidung haben.

d ist ein autistisches Kind. An drei Tagen der Woche erhält er eine Schulbegleitung durch eine Heilpädagogin. (*Frau L* ist auch montags anwesend.) Es finden regelmäßig Hilfeplangespräche mit dem Jugendamt und dem autistischen Zentrum statt. Einmal im Monat treffen sich die Heilpädagogin, die Klassenlehrerin und d*s* Eltern zu einem Gespräch. Teilweise stört *d* im Unterricht, so dass mit *Frau L* die Vereinbarung besteht, mit ihm den Unterricht zu verlassen, wenn dies notwendig ist.

Als im Mathematikunterricht leistungsstarke Kinder sind *e, f, g, h* und *d* zu sehen. Sie nehmen in der Regel neue Unterrichtsinhalte schnell auf und sind auch in der Lage, diese ihren Mitschülern zu erklären.

Die Klasse 3 ist eine aufgeschlossene und fröhliche Klasse. Die Kinder nehmen neue Mitschüler sehr herzlich auf. Genauso ist dies mit neuen Lerninhalten, welche die Schüler freudig in Angriff nehmen.

1.2 Lernvoraussetzungen der Schüler in Bezug auf das Stundenthema

Die Schüler der Klasse 3 sind zwischen 8 und 10 Jahren alt[2]. Nach der Stufentheorie der Intelligenzentwicklung[3] Piagets befinden sie sich demnach zum Großteil in der konkret-operationalen Phase (vgl. Franke S.77ff[4]). Hier entwickelt das Kind langsam die Fähigkeit, Raumbegriffe auch unabhängig vom eigenen Handeln zu erfassen. Aber die Denkoperation

---

[1] An dieser Stelle sei auf den einheitlichen Gebrauch der Form „Schüler" verwiesen, welcher aus Gründen der besseren Lesbarkeit sowohl die männliche, als auch die weibliche Form umfasst.
[2] 5 Kinder sind 10 Jahre, 9 Kinder sind 9 Jahre und 5 Kinder sind 8 Jahre alt.
[3] Anmerkung: nach Thurstone ist die Raumvorstellung ein Faktor der menschlichen Intelligenz
[4] Erwähnt sei auch hier das Werk Piagets, auf welches sich Franke und auch andere Autoren stützen: Piaget, Jean (1975). Die Entwicklung des räumlichen Denkens beim Kinde. Stuttgart: Klett.

der Abstraktion ist noch nicht voll entwickelt. Neben Piaget ist die Stufentheorie zur Entwicklung geometrischen Denkens von dem holländischen Ehepaar Dina van Hiele-Geldof und Pierre Marie van Hiele relevant. Sie enthält 5 Stufen, welche Charakteristika des Denkprozesses darstellen. Grundschüler erreichen in der Regel die Stufen null und eins, seltener auch Stufe zwei. Die Schüler der Klasse befinden sich zum Großteil auf der Stufe eins, manche befinden sich im Übergang von Stufe 0 zu Stufe 1[5].

Die Schüler haben im ersten Halbjahr des Schuljahres Pläne in Form des Ortsplanes kennen gelernt. Somit haben sie schon Erfahrungen mit der Draufsicht Gebäudes oder einer Fläche gesammelt.

Sie kennen bereits den Würfel als dreidimensionalen Körper und dessen Eigenschaften sowie räumliche Orientierungs- und Eigenschaftsbegriffe (links-rechts, oben-unten, hinten-vorn, groß-klein, …), welche sie zur Beschreibung eines Würfelgebäudes benötigen.

Ein wichtiger Aspekt bei der Schulung der Raumwahrnehmung ist es, sich die Existenz der verdeckten Würfel eines Würfelgebäudes vorstellen zu können. Es ist davon auszugehen, dass dies einige Schüler bereits beherrschen, andere wiederum noch nicht.

1.3 Sachanalyse

Würfelgebilde bestehen aus Würfeln, welche zu kleinen Türmen aufeinander gestapelt sind. Im Gesamten ergeben sie ein Gebäude dessen Aufbau in Form eines Bauplans dargestellt werden kann. Diese Pläne stellen eine Draufsicht auf das Gebäude dar. Die Standfläche bildet den Grundriss für den Bauplan. Die jeweilige Anzahl der übereinander gebauten Würfel wird durch Zahlen in dem darunter liegenden Quadrat im Grundriss ausgedrückt (vgl. Franke, S.140). Da die Gebilde aus Würfeln bestehen, reichen die Ziffereinträge sowie der Umriss des Bauplanes aus, um das Gebäude exakt zu bestimmen.

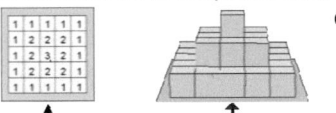

Würfelvierlinge (5. Stunde der Unterrichtseinheit) sind Gebäude, die jeweils aus vier Würfeln bestehen. Durch Ausprobieren und Entwickeln einer Strategie kann man alle 15 verschiedenen Lösungen finden.

Rund um die räumliche Vorstellung gibt es eine Vielzahl unterschiedlicher Begriffe, welche zum Teil dasselbe meinen, teilweise Mischformen vorhergehender Bezeichnungen sind. Nach Radatz & Rickmeyer (S.17) unterteilt sich die „Raumvorstellung" in die Aspekte

---

[5] Radatz und Rickmeyer fassen die Stufe 1 wie folgt zusammen: „Durch Handlungserfahrungen und genaueres Betrachten können Schüler Einzelaspekte geometrischer Figuren unterscheiden und feinere Klasseneinteilungen vornehmen (z.B. zwischen den Dreiecksformen). Jedoch sind Beziehungen zwischen Figuren (z.B. Rechteck-Quadrat) und Eigenschaften oder Größen (z.B. Umfang-Flächeninhalt) noch nicht einsehbar" (S.14).
[6] Auf der Seite http://home.fonline.de/fo0126//geometrie/geo45.htm ist es möglich, Baupläne zu erstellen und gleichzeitig die Entstehung des dreidimensionalen Körpers zu verfolgen. Die Abbildungen wurden mithilfe dieses Programms erstellt. Der Pfeil zeigt den Blickwinkel des Betrachters an.

„räumliches Orientieren", „räumliches Vorstellen" und „räumliches Denken". Franke (S.27) wählt den Oberbegriff „räumliche Fähigkeiten" und unterteilt diese in „visuelle Wahrnehmung" und „Raumvorstellung". Fortan verwende ich den Begriff der Raumvorstellung, womit „die Fähigkeit zum visuellen Operieren mit konkreten, sichtbaren oder vorgestellten Objekten" (Franke, S.28) beschrieben wird.

1.4 Beschreibung der didaktischen Absicht

Der Umgang mit den Bauplänen und die Beschreibung von Würfelgebäuden schult das räumliche Vorstellungsvermögen der Kinder. Diese Schulung sehen Franke (S. 27) und auch Maier (S. 237) als eines der Hauptziele des Geometrieunterrichts der Grundschule.

Das Erstellen von Bauplänen schult den genauen Blick der Schüler und stellt „ein Verfahren zur Lösung eines geometrischen Problems dar" (Radatz & Rickmeyer, S.36). Darüber hinaus kann durch Bestimmung der Würfelanzahl das Volumen der Gebäude ermittelt und mit der Anzahl der Würfel / dem Volumen anderer Gebäude verglichen werden (vgl. Franke, S.279, Kleinert & Knaak, S.18f und Brandenburg, S.45). „Es sei noch angemerkt, daß mit derartigen Aufgabenstellungen[7] der grundlegende Vorgang des Messens bei der Volumenbestimmung im späteren 5. Schuljahr durch das Bauen und Zerlegen von Würfeln aus Würfeln auf handelnder Grundlage angebahnt wird" (Radatz & Rickmeyer, S.39).

Für die Bestimmung der Würfelanzahl und die Erstellung der Baupläne ist es wichtig, dass sich die Schüler die Würfelgebäude dreidimensional vorstellen können. Sie sollen erkennen, an welcher Stelle sich verdeckte Würfel befinden und wie die Grundfläche aussieht. Dies sind Aspekte der Kopfgeometrie. Diese ist ebenso wichtig wie das Kopfrechnen (vgl. Maier, S.95ff und Radatz & Rickmeyer, S.13ff). „Die Kopfgeometrie umfasst alle mündlich - im Kopf - zu lösenden geometrischen Aufgaben, die das visuelle Wahrnehmungs- und das räumliche Vorstellungsvermögen schulen" (Franke, S.66).

Es gibt viele unterschiedliche Formen von Plänen. Die Pläne, mit welchen die Schüler arbeiten, sind sehr vereinfachte Baupläne. Eine didaktische Reduktion ergibt sich aus der Begrenzung auf den Grundriss und die Höhe der Würfeltürme. Möglich ist dies aufgrund der Eigenschaft des Würfels, dass alle Längen gleich lang sind. Hinzu kommt der Verzicht auf einen Maßstab, da der Bauplan aufgrund der bereits erwähnten einheitlichen Kantenlänge der Würfel für alle Würfelgebäude allgemein gültig ist.

Im Alltag und später auch im Beruf nimmt die Raumvorstellung eine oft unterschätzte Stellung ein: Beim Lesen von Plänen (Ortspläne, Bauanleitungen), der Gestaltung des Kinderzimmers, bei sportlichen Tätigkeiten, wie Ballspielen, beim Spielen mit Soma-Würfeln, beim Bauen mit Bauklötzen und im Straßenverkehr (Fahrrad fahren, Entfernungen einschätzen) (vgl. Maier, S.141ff und Rickmeyer, S.4). Im späteren Beruf ist die Bedeutung der Raum-

---

[7] Gemeint ist hier das Arbeiten mit Bauplänen.

vorstellung nicht nur in handwerklichen oder architektonischen, sondern auch in kaufmännischen Berufsfeldern (Tabellen, Diagramme) nicht zu unterschätzen.

Der handelnde Umgang mit den Materialien ist im Geometrieunterricht sehr wichtig. Dies wird nicht nur in der Literatur (vgl. z.B. Franke, S.134), sondern auch im Hessischen Rahmenplan für die Grundschule betont (S.144). Er ist Grundlage für die Entwicklung mathematischer Begriffe, Denkweisen und Verfahren. Eine Abstraktion der Inhalte soll durch Variation der Handlungssituationen und Darstellungsweisen erreicht werden. Analog zu der zugrunde liegenden Literatur betont auch der Rahmenplan das räumliche Wahrnehmungs- und Vorstellungsvermögen der Kinder, welches zu Schuleintritt bereits gut entwickelt ist (S.146) und bis Ende der Grundschulezeit hin zum räumlichen Denken[8] entwickelt sein soll. Als Mittelpunkt des Geometrieunterrichts in der Grundschule wird im Hessischen Rahmenplan das Entdecken, Vermuten, Vergleichen, Beschreiben und Konstruieren gesehen. Dazu zählt auch das Bauen. Der kreative und eigenständige Umgang mit den Materialien in offenen Lernsituationen fördert die Phantasie und die Selbstständigkeit der Schüler und regt ihr Interesse am Lösen mathematischer Probleme an (S.164). Im 3. und 4. Schuljahr ist laut Hessischem Rahmenplan die Raumvorstellung der Schüler in der Regel ausreichend beweglich, um Grundrisse lesen und zeichnen zu können. Betont wird erneut das damit verbundene aktive Handeln, um das Vorstellungs- und Kombinationsvermögen der Kinder weiter zu schulen, welches letztendlich den Kindern zur Orientierung dient (S.165).

1.5 Vorgesehene zeitliche Abfolge der Unterrichtseinheit

St.	Datum	Thema	Lernziele
1.	4.5.	„In der Würfelstadt" – freies Bauen mit Würfel-Bausteinen.	Die Schüler sollen in Partner- oder Gruppenarbeit frei mit Würfeln bauen und im Rahmen der Vorstellung ihrer Bauwerke Orientierungsbegriffe verwenden und diese dabei wiederholen.
2.	7.5.	**Ein Auftrag für ein Architekturbüro**	**Siehe unter Abschnitt 2.1**
3.	8.5.	Wie viele Baumaterialien benötigt das Bauunternehmen?	Die Schüler sollen zu vorgegebenen Bauplänen die Gebäude bauen und die Anzahl der Würfel eines Würfelgebäudes bestimmen können.
4.	9.5.	Die Schüler erstellen Plakate, die sie der Parallelklasse präsentieren werden.	Die Schüler sollen zu selbst erfundenen Würfelbauten Baupläne anfertigen, die Würfelanzahlen bestimmen können und ihre Ergebnisse präsentieren.
5.	10.5.	Wie viele Würfelvierlinge gibt es? Aktiv- entdeckendes Lernen mit Würfeln.	Die Schüler sollen durch Ausprobieren oder Entwickeln einer Strategie möglichst viele verschiedene Baupläne für Würfelvierlinge finden.

---

[8] Räumliches Denken: „[..] die Fähigkeit, mit Vorstellungsinhalten gedanklich zu operieren, d.h. ihre Lage bzw. Beziehungen zueinander in der Vorstellung zu verändern" (Radatz & Rickmeyer, S.17).

2 Entwurf der Prüfungslehrprobe

2.1 Lernziele

<u>Lernziel der Unterrichtseinheit:</u> Die Schüler sollen im handelnden Umgang mit Würfeln ihre Raumvorstellung schulen und auf vielfältige Weise Kompetenzen im Umgang mit und im Entwickeln von Bauplänen entwickeln.

<u>Lernziel der Unterrichtsstunde:</u> Die Schüler sollen...

... ihre Raumvorstellung schulen, indem sie Würfelgebäude beschreiben, erstellen und die dazugehörigen Baupläne zeichnen.

... die wichtigsten Aspekte zur Erstellung eines Bauplanes (Notation der Würfelanzahlen und Umrahmen des Grundrisses) wiedergeben.

... Baupläne dreidimensionalen Zeichnungen zuordnen und ihr Tun erläutern können.

2.2 Didaktisch-methodische Vorüberlegungen zur Prüfungslehrprobe

Die Geschichte eines Architekturbüros, welches den Auftrag erhält, mehrere Würfelgebäude zu entwerfen und die dazugehörigen Baupläne zu erstellen, gibt der Unterrichtsstunde ihren Rahmen. Sie stellt einen Alltagsbezug her und dient zugleich der Motivation.

Im bereits bekannten Kinositz bekommen die Schüler die Geschichte erzählt. Ein Modell aus Holzwürfeln (Kantenlänge 8x8cm) stellt ein Würfelgebäude dar, welches der Chef des Büros bereits erfunden hat. Es ist die Aufgabe der Schüler dieses zu beschreiben, wozu sie das Würfelgebäude im Detail betrachten müssen. Möglicherweise werden sie feststellen, dass nicht alle Würfel aus der frontalen Ansicht im Kinositz zu erkennen sind. Eine Unterlage, auf welcher das Würfelgebäude steht, ermöglicht es, dieses bei Bedarf zu drehen und somit einen Teil der verdeckten Würfel sichtbar zu machen. Beim Beschreiben des Würfelgebäudes wird auf Aspekte Wert gelegt, die für die Erstellung der Baupläne von Bedeutung sein werden. Zum Beispiel die bereits erläuterte Tatsache, dass nicht alle Würfel sichtbar sind und dass das Gebäude ausschließlich aus übereinander gestapelten Würfeln besteht.

Die Anordnung im Kinositz ermöglicht allen Schülern einen Blick auf die „Vorderseite" des Gebäudes, von welcher aus der Bauplan erstellt werden soll. Dies ist auch wichtig im Hinblick auf die Beschreibung des Würfelgebäudes, da im Kinositz die Orientierungsbegriffe für alle einheitlich verwenden werden können. Dass manche Schüler das Würfelgebäude aus einem seitlichen Blickwinkel sehen, kann bei der Beschreibung des Gebäudes von Vorteil sein. Denn sie sehen zum Teil andere Würfel.

Der zu dem vorgegebenen Gebäude zugehörige Bauplan wird im Lehrer-Schüler-Gespräch erarbeitet. Dabei wird das auf der karierten Unterlage stehende Gebäude zunächst umrahmt, und schließlich an die Stelle der einzelnen Würfeltürme die Anzahl der übereinander gestapelten Würfel vermerkt. Die Würfeltürme werden dabei neben der Bauunterlage wieder aufgebaut. Nach Fertigstellung des eigenen Bauplans bekommen die Schüler den Plan, den der Chef zu dem Gebäude gezeichnet hat vorgelegt und vergleichen ihn mit ihrem. Für den Fall, dass die Schüler zwar Ideen, jedoch nicht die des von mir angestrebten Bauplanes haben, bekommen sie den fertigen Plan als Impuls vorgelegt. Sie sollen dann den Zusammenhang zwischen dem Würfelgebäude und dem Plan erkennen und erklären.

Für die Erstellung der Baupläne soll kein einheitlicher Weg vorgegeben werden, um eine eigenständige Vorgehensweise und die damit verbundene Individualisierung des Lösungsweges nicht zu unterbinden. Es wird jedoch festgelegt, welche Merkmale ein Bauplan enthalten muss: Die Zuordnung der richtigen Zahlen an der richtigen Stelle und das rote Umrahmen und somit Verdeutlichen des Grundrisses. Von einem Umrahmen jedes einzelnen Quadrates wird abgesehen, da sonst die Zahlen in den Hintergrund treten und der einheitliche Blick auf den Plan erschwert wird.

In der Arbeitsphase bauen die Schüler in Partnerarbeit eigene Würfelgebäude, zu welchen sie die entsprechenden Baupläne erstellen. Damit eine Kontrollmöglichkeit gegeben ist, erstellt jedes Kind einen eigenen Bauplan, welchen es mit dem des Partners vergleicht. Jedes Paar erhält 20 Holzwürfel[9] (3x3 cm). Die Schüler können die Anzahl der Würfel, die sie verwenden möchten, frei wählen.

Unterschiedliche Arbeitsblätter, zwischen welchen die Schüler wählen können, stellen eine Differenzierungsmaßnahme dar. Die karierten Arbeitsblätter sind für leistungsstärkere Schüler gedacht. Sie sollen ihr selbst entworfenes Würfelgebäude betrachten und den dazugehörigen Bauplan auf das karierte Blatt zeichnen. Für die schwächeren Schüler stehen große, auf die Größe der Holzwürfel abgestimmte Bauunterlagen zur Verfügung, auf welchen sie ihre Würfelgebäude errichten. Diese Unterlagen stellen eine Beschränkung in der Grundfläche des Gebäudes dar, so dass diese nicht zu unübersichtlich wird. Außerdem erstellen die Schüler hierauf ihren Bauplan, indem sie wie in der Erarbeitungsphase vorgehen. Sollten die Schüler noch Zeit haben, können sie für das Erfinden weiterer Bauwerke auch einen anderen Schwierigkeitsgrad, bzw. eine andere Vorgehensweise wählen.

Die Sozialform der Partnerarbeit habe ich an dieser Stelle einer Gruppenarbeit vorgezogen. Die Schüler kommen so in umfangreicheren Kontakt mit dem Baumaterial, da sie sich die Würfel nicht zu viert teilen müssen. Außerdem werden nur zwei und nicht vier Baupläne erstellt, welche verglichen werden müssen. Zudem können so die Differenzierungsmaßnahmen ermöglicht werden, da sich 2 Kinder, in diesem Fall die Sitznachbarn, in der Regel sehr gut auf eine Schwierigkeitsstufe einigen können. Dies ist bei vier Schülern deutlich schwerer. Die Sitzordnung ist so zusammengestellt, dass die Sitznachbarn sich oft an ähnlicher Stelle im Lernprozess befinden oder ein ähnliches Leistungsniveau zu erwarten ist. Demnach gibt es viele homogene Lerngruppen, so dass die Schüler entsprechend gefor-

---

[9] Die Holzwürfel haben zum Teil kleine Maßabweichungen und Sägefehler, die aber die Arbeit der Schüler nicht beeinträchtigen.

dert und gefördert werden. Schwächere Schüler arbeiten mit etwas stärkeren und besonders sozialen Schülern zusammen. Sie können in der Regel Aufgaben des gleichen Niveaus lösen, wobei die leistungsstärkeren Schüler den Schwächeren als Helfern zur Verfügung stehen. Durch das Erklären vertiefen diese wiederum den Lernstoff und haben zusätzlich das soziale Lernziel des einander Helfens.

In der Reflexion berichten die Schüler über das Vorgehen mit ihrem Partner. Der Fokus soll auf die Erstellung der Würfelgebäude und insbesondere der dazugehörigen Baupläne gerichtet werden. Es sollen Aspekte zur Erstellung eines Bauplanes exemplarisch anhand einer Schülerarbeit wiederholt oder ergänzt und mögliche Schwierigkeiten oder Verständnisprobleme geklärt werden. Das genaue Besprechen nur eines Ergebnisses hat den Vorteil, dass dieses ausführlicher besprochen werden kann. Dennoch können Schüler davon losgelöst von ihren eigenen Erfahrungen mit ihrem Gebäude, bzw. Plan berichten.

Sowohl die Pläne der wieder abgebauten, als auch die der zuletzt entworfenen Gebäude, werden nach der Reflexionsphase eingesammelt, um sie dem Architekten zu zeigen. Eine Würdigung aller Ergebnisse erfolgt durch das Aufgreifen der erstellten Baupläne in der Folgestunde. In dieser sollen die Schüler die Gebäude anderer Schülerpaare nachbauen und die Würfelanzahlen berechnen. Auch die Rahmengeschichte findet hier ihre Fortsetzung.

Der Umgang der Schüler mit den Würfelgebäuden erfolgte auf enaktiver (beim Bauen) und symbolischer (in Form des Bauplanes) Ebene. Die Erfahrungen der Schüler sollen auf die ikonische Ebene erweitert werden. Hier setzt die Geschichte wieder an. Der Architekt hatte neben dem Gebäude aus dem Unterrichtseinstieg noch weitere Ideen. Diese hat er gezeichnet und die zugehörigen Baupläne erstellt. Doch leider sind seine Unterlagen durcheinander geraten. Es ist die Aufgabe der Schüler sie wieder zu sortieren. Hierzu sind an der Tafel drei Baupläne und die dazugehörigen dreidimensionalen Zeichnungen befestigt. Zwei der Pläne haben die gleiche Grundfläche, jedoch unterschiedliche Zahlenangaben. Die Schüler sollen ihre Zuordnung der Gebäude und Pläne erläutern. In dieser Phase wird besonders deutlich, dass der Grundriss allein für die Zuordnung nicht ausreicht.

Die Hausaufgabe schließt sich hier an. Die Schüler erhalten ein Arbeitsblatt mit Grundrissen und Zeichnungen von Würfelgebäuden und sollen sie einander zuordnen. Schwache Schüler können ein Arbeitsblatt wählen, bei welchem die Quadrate gleicher Zahlen in den Bauplänen je in einer einheitlichen Farbe eingefärbt werden. Dies verdeutlicht die einzelnen Ebenen der Würfelgebäude. Das Arbeitsblatt enthält noch eine weitere Aufgabe, welche nicht von allen Schülern bearbeitet werden muss. Zu dreidimensionalen Zeichnungen sollen Baupläne erstellt werden. Die Zeichnungen sind so angelegt, dass keine Würfel vorkommen, die nicht zu sehen sind oder deren Vorhandensein nicht notwendig ist. Auch diese Nummer enthält eine Differenzierung für die schwächeren Schüler. Der Umriss des Bauplanes ist bereits eingezeichnet.

2.3 Verlaufsplanung

Zeit	Phasen	Inhalt / Unterrichtsgeschehen	Unterrichtsformen	Medien
5	Einstieg/ Problem- stellung	- L begrüßt S und geht mit ihnen in den Kinositz. - L erzählt S die Geschichte eines Architekturbüros, das den Auftrag erhält, mehrere Gebäude zu entwerfen und die dazugehörigen Baupläne zu erstellen. Eines der Gebäude, die er bereits erfunden hat, steht als Modell vor den Schülern.	Kinositz L-Vortrag	Holzwürfel, Unterlage, Tapete mit kariertem Grund
10	Erarbeitung	- S beschreiben das Modell. - L und S erarbeiten gemeinsam einen Bauplan. - L erläutert S die Partnerarbeit.	LS-Gespräch LS-Gespräch L-Vortrag	Holzwürfel, Unterlage, Tapete mit kariertem Grund, Stifte, fertiger Bauplan
15	Arbeitspha- se	- S sollen nun in Partnerarbeit Gebäude erfinden und die passenden Baupläne dazu anfertigen.	Partnerarbeit, Schüleraktivität	kleine Holzwürfel, Blätter mit kariertem Untergrund, Mäpp- chen
15	Ergebnis- sichtung und Reflexion	- Eine Schülergruppe erläutert anhand ihres Bauwerkes und dem dazugehörigen Bauplan ihr Vorgehen. Im Gespräch mit der gesamten Klasse werden die Aspekte der Erstellung eines Bauplanes wiederholt sowie Schwierigkeiten oder Verständnisprobleme geklärt. - L sammelt die Baupläne ein.	LS-Gespräch, Stehkreis und Halbkreis Lehreraktivität	Bauwerke und Pläne der Kinder
	Erweite- rung	- L und S treffen sich erneut im Kinositz. - L erzählt S, dass der Architekt noch weitere Ideen hatte. Diese Gebäude hat er gezeichnet und die dazugehörigen Baupläne erstellt. Leider sind die Zeichnungen und Baupläne durcheinander geraten. - L heftet 3 Baupläne an die Tafel, wovon 2 die gleiche Grundfläche haben. Die Gebäude sollen von S nun den Bauplänen zugeordnet werden. S erläutern ihre Zuordnung. - L erläutert S die Hausaufgabe.	Kinositz, LS-Gespräch LS-Gespräch L-Vortrag	Tafel, Baupläne, ge- zeichnete Gebäude, Arbeitsblätter für die Hausaufgabe

3   Literaturverzeichnis

Brandenburg, Birgit (2001): Geometrie: So geht's. 1. bis 4. Schuljahr, Mühlheim an der Ruhr: Verlag an der Ruhr.

Franke, Marianne (2007): Didaktik der Geometrie in der Grundschule, München: Elsevier (Spektrum Akademischer Verlag).

Hessisches Kultusministerium (Hrsg.) (1995): Rahmenplan Grundschule, Wiesbaden.

Kleinert, Irmhild & Knaak, Evelin (2005): Geometrie. Aufgabensammlung Grundschule, Braunschweig: Westermann Schulbuchverlag.

Maier, Peter H. (1999): Räumliches Vorstellungsvermögen. Ein theoretischer Abriß des Phänomens räumliches Vorstellungsvermögen. Mit didaktischen Hinweisen für den Unterricht, Donauwörth: Auer.

Radatz, Hendrick & Schipper, Wilhelm (1983): Handbuch für den Mathematikunterricht an Grundschulen, Hannover: Schroedel.

Radatz, Hendrick & Rickmeyer, Knut (1991): Handbuch für den Geometrieunterricht an Grundschulen, Hannover: Schroedel.

Rickmeyer, Knut (1998): Übungen mit Würfeln im vierten Schuljahr. Räumliches Orientieren – Ansichten, in: *Praxis Grundschule* 21 (98) 2, S. 4-8.

Rinkens, Prof. Dr. Hans-Dieter & Hönisch, Kurt (Hrsg.) (2005): Welt der Zahl, Praxisbegleiter 3. Schuljahr, Hannover: Schroedel.

4   Anhang

Bauplan und Foto des Würfelgebäudes aus dem Einstieg

Bauunterlage

Namen: _____

Dreidimensionale Zeichnungen und die dazugehörigen Baupläne der Erweiterung

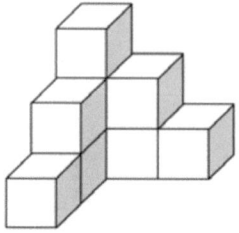

3	2	1
2		
1		

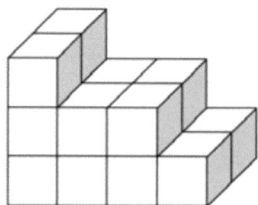

3	2	2	1
3	2	2	1

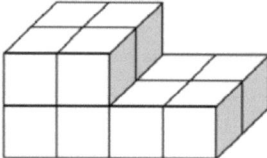

2	2	1	1
2	2	1	1

Arbeitsblatt für die Hausaufgabe

1. Verbinde die Zeichnungen mit den dazugehörigen Bauplänen.

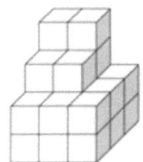 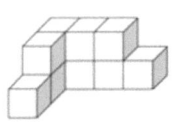 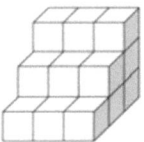 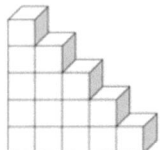

4	4	2
3	3	2
2	2	2

3	3	3
2	2	2
1	1	1

5	4	3	2	1

2	2	2	1
2			
1			

2. Erstelle die Baupläne zu den Gebäuden.

a)   b)   c)

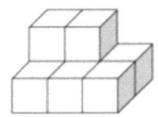   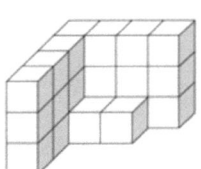   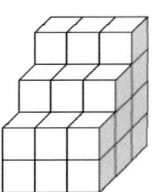

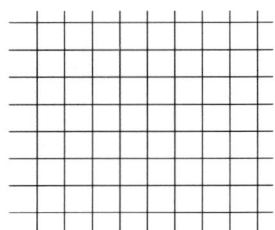   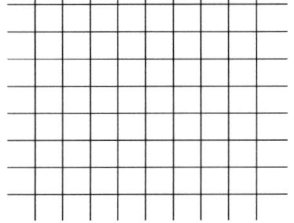   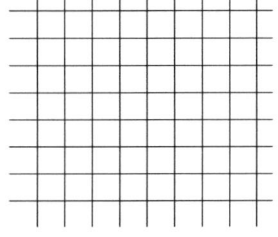

Arbeitsblatt für die Hausaufgabe (differenziert)

1. Verbinde die Zeichnungen mit den dazugehörigen Bauplänen.

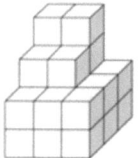 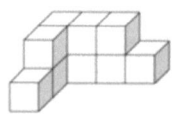 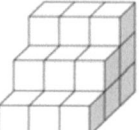 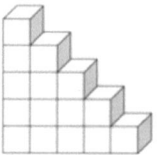

4	4	2
3	3	2
2	2	2

3	3	3
2	2	2
1	1	1

5	4	3	2	1

2	2	2	1
2			
1			

2. Erstelle die Baupläne zu den Gebäuden.

a)   b)   c)

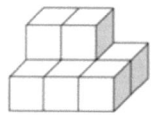 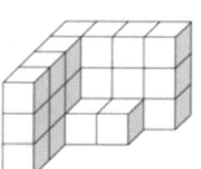 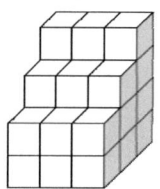

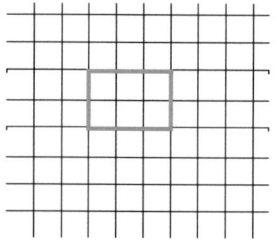 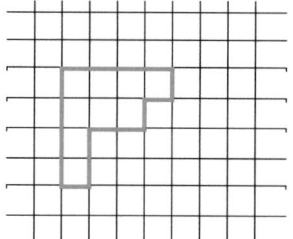 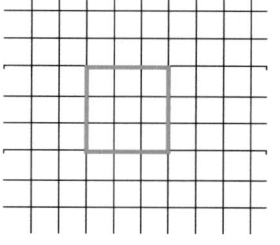

16